ALFRED POLLAK

BEITRÄGE ZU EINER DEUTUNG DER METALLOGENESE IN THÜRINGEN

AKADEMIE-VERLAG GMBH. BERLIN 1948

Erschienen im Akademie-Verlag GmbH., Berlin NW 7, Schiffbauerdamm 19.
Veröffentlicht unter der Lizenz-Nr. 156 der SMA in Deutschland.
Gedruckt in der Deutschen Zentraldruckerei AG., Berlin SW 11, Reg.-Nr. 115.
Amerikanische Genehmigungsnummer 10 114.
Bestell- und Verlagsnummer dieser Abhandlung: 2014/78.
Preis: 3.50 RM.

I. EINLEITUNG.

Die Erklärung und Deutung der magmatogenen Lagerstätten einer Lagerstättenprovinz erscheint leichter möglich, wenn man versucht, sie in ihrem natürlichen Zusammenhang mit den magmatisch-orogenen Vorgängen des betreffenden Gebietes zu betrachten.

Die orogenetischen Bewegungen des thüringisch-sächsischen Gebietes bildeten bereits den Gegenstand neuerer Untersuchungen von Deubel (1925), der anschließend an die Arbeiten Scheumanns (1924) über das sächsische Kristallin eine Analyse des thüringischen Paläozoikums mit seinen intrusiven Gesteinen, insbesondere, soweit es Ostthüringen anbelangt, gibt.

Einzelbeschreibungen der verschiedenen Lagerstätten liegen in vielen Fällen vor, wenn auch neuere Arbeiten mit Ausnahme über einige westthüringische Vorkommen fast durchgehend fehlen. Auch die Zusammenstellung von v. Freyberg (1923) bringt den oben angedeuteten Gesichtspunkt nicht genügend zum Ausdruck.

Die moderne Lagerstättenforschung hat sich mit den meisten dieser Vorkommen kaum befaßt, weil einerseits denselben zum großen Teil keine wirtschaftliche Bedeutung zukommt und andererseits viele dieser Lagerstätten mangels neuerer Aufschlüsse der Beobachtung nur schwer zugänglich sind. Auch in der neuesten Zeit konnten nur in einzelnen Fällen durch die Wiederaufnahme der Bergbauversuche neue Aufschlüsse erzielt werden. Von den Erzlagerstätten waren in den letzten Jahren nur das Antimonerzvorkommen in Schleiz, die Manganerzlagerstätte Geraberg im Elgersburger Revier, einige Eisenerzvorkommen der westthüringischen Randstörung und bei Kamsdorf, sowie Flußspat- und Schwerspatvorkommen in Betrieb. Der Versuch einer Synthese der Vererzung und Mineralisation Thüringens auf geomagmatischer und geotektonischer Grundlage erscheint deshalb schwierig. Die einzelnen Lagerstätten bilden in der vorhandenen Literatur hinsichtlich ihrer Genesis und Alterseinstufung den Gegenstand eingehender Erörterungen und Meinungsverschiedenheiten.

II. ÜBERSICHT DER WICHTIGSTEN LAGERSTÄTTENTYPEN THÜRINGENS.

1. Die Kontaktlagerstätten Weitisberga und Leutenberg.

In kontaktmetamorphen Oberdevonkalken sind bei Weitisberga innerhalb des Kontakthofes des Henneberggranits Vererzungen nachgewiesen worden (Hess v. Wichdorff 1903, 1909). Mit kristallinem Kalk, Kalksilikathornfels und Granat treten auf:

silberhaltiger Bleiglanz
Zinkblende
Schwefelkies
lichtes Rotgiltigerz.

Der Zusammenhang mit dem Mineralisator, dem Henneberggranit, ist deutlich.

Ein Vorkommen in geologisch ähnlicher Position ist von der Goldkuppe im Kontakthof von Leutenberg (Erläut. Bl. Probstzella 1888) bekannt. Zusammen mit Kalksilikathornfels und Granat tritt ebenfalls innerhalb des Oberdevons eine Vererzung mit Magnetkies und wenig Schwefelkies auf, Bleiglanz ist selten.

Die Nähe des durch die Abtragung noch nicht angeschnittenen Granits wird außer durch den Kontakthof auch durch einen Schwarm von Quarzporphyrgängen angedeutet.

Zu den Kontaktbildungen ist noch wahrscheinlich das Magnetitvorkommen an der Schwarzen Crux bei Schmiedefeld zu zählen. In kontaktmetamorphen Schiefern, nahe dem Granit, ist Granatfels mit Magnetit und Flußspat zu beobachten (v. Freyberg 1920). Als Seltenheit wird Wolframit und Molybdänglanz sowie Pyrit angeführt. Der Zusammenhang mit dem benachbarten Granit ist sehr wahrscheinlich. Die Genesis des Vorkommens ist aber noch nicht ganz geklärt.

2. Zinnerzgänge am Büching bei Hirschberg. *)

Neuere Beobachtungen liegen darüber nicht vor. Die Kenntnis dieser Vorkommen beschränkt sich im wesentlichen auf alte Literaturangaben. In den nordwestlich streichenden Gängen sollen nach Gümbel Zinnerze abgebaut worden sein. Gümbel erwähnt Paragenesen von Zinnerz, Quarz und Granat. Zimmermann (Erläut. Blatt Hirschberg/Saale 1912) beobachtete an dieser Lokalität Magnetit mit Quarz, Orthoklas und Chlorit sowie Granat in Lesesteinstücken. Auch Magnetit mit Strahlstein verwachsen, wird erwähnt. Flußspat, Topas, Turmalin wurden nach den vorliegenden Angaben nicht gefunden. Auf Grund der spärlichen Angaben kann nicht entschieden werden, welcher Lagerstättengruppe dieses Vorkommen angehört und es erscheint zweifelhaft, ob es sich dabei um Zinnerzgänge oder vielleicht um ein zinnerzführendes Skarnlager oder um beides zugleich handelt. Das Vorkommen scheint jedoch in engem Zusammenhang mit dem Hirschberger Granit zu stehen.

3. Molybdänschlieren des Henneberggranits.

Im Henneberggranit sind durch den Steinbruchbetrieb zahlreiche Quarzschlieren aufgeschlossen, die fast ausschließlich Molybdänglanz führen. Es handelt sich dabei um den normalen Typ der an Granit gebundenen pneumatolytischen Molybdänglanzvorkommen mit quarziger Gangart.

4. Instrusive katathermale Goldquarzgänge.

Diese Gänge vom Typ der alten Goldquarzgänge sind in ihrem Auftreten fast ausschließlich auf die älteren Gesteine (Tremadoc bis Algonkium) des Schwarzburger Sattels beschränkt. Derartige Gänge treten auf bei Goldisthal am Kohlitschberg im Steinbachthal, bei Katzhütte im Frauenbachthal, Glasbach, Sitzendorf, Reichmannsdorf, Steinheid u. a. O. (Hess v. Wichdorff 1914). Schließlich sind derartige Gänge noch von Schmiedefeld zu erwähnen, wo sie die untersilurischen Eisenerzlager durchsetzen und in deren Zementationszone an Sulfide gebundenes Gold nachgewiesen wurde. Nach der Klassifikation von Schneiderhöhn (1941) gehören sie bezüglich ihrer Sulfidführung zur Gruppe 4 der alten Goldquarzgänge, die Arsenkies, Pyrit, Kupferkies, Zinkblende und Bleiglanz führen.

Alle diese Gänge weisen in der Regel erzgebirgisches bis NS-Streichen auf. Die Goldquarzgänge mit blauem Goldquarz werden auf manchen Spalten (Glasbach, Katzhütte) von jüngeren Paragenesen mit Quarz und weniger spätiger Gangart (Kalkspat, Schwerspat, Eisenspat) mit Pyrit und Gold? durchsetzt. Der von v. Gaertner aus diesem Gebiet beschriebene dritte Typ von Quarzgängen mit Eisenglimmer (oxydische Quarzgänge) scheint vielleicht eine höhere Teufenstufe der spätigen Quarzgänge zu sein (v. Gaertner 1935).

Zu dieser Ganggruppe muß schließlich noch ein Quarzgang gezählt werden, der in dem Glimmerschiefer (Hess v. Wichdorff 1914) bei dem Bahnhof Ruhla auftritt und goldhaltigen Arsenkies führt. Zu dem Typ der pneumatolytischen Goldquarzgänge gehören vielleicht die roteisenerzführenden Arsenkies-Quarzgänge mit Turmalin, die bei Ruhla im Glimmerschiefer und Amphibolit aufsetzen. Ein Goldgehalt ist bis jetzt darin allerdings noch nicht nachgewiesen worden (Erläut. Blatt Ruhla 1930)

5. Die Arsenkiesgänge am Großen Silberberg bei Gahma.

Im Kontakthof des Sormitztalgranits treten innerhalb kulmischer Schiefer Arsenkies-, Pyrit- und untergeordnet Kupferkiesführende Gänge auf, in denen Quarz- und Nebengesteinsbrocken als Gangart nur ganz untergeordnet vorkommen. Das Streichen ist Ost-West bis Nord-Ost. In den Sulfiden, insbesondere im Arsenkies, sind niedrige Edelmetallgehalte (Au und Ag) nachgewiesen worden (Hess von Wichdorff, 1914).

6. Kupferkiesgänge von Unterneubrunn und der Haussachsener Gangzug.

Auf NW-streichenden Störungsspalten, durch die Unterrotliegendes gegen Untersilur verworfen wird, treten bei Unterneubrunn Selen-führende, quarzig-spätige Kupferkiesgänge mit Kalkspat, Flußspat, Siderit auf. Von anderen Sulfiden ist Bleiglanz und außerdem Eisenglanz bekannt (Erläut. Blatt Masserberg 1906, v. Freyberg 1923). Das Vorkommen liegt in unmittelbarer Nähe des Arolsberger Granits mit seinem Kontakthof.

Es dürfte sich wahrscheinlich dabei um den Typ der mesothermalen quarzig-spätigen Kupferkiesparagenesen handeln, die in Ostthüringen auch mit Übergängen zu den Spateisensteingängen bekannt sind.

Eine etwas abweichende Entwicklung dieser Gangformation mit vorwiegend spätiger Gangart findet sich auf dem sog. Haussachsener Gangzug bei Saalfeld. In untersilurischen Schiefern setzt, parallel zu der Eichenberg-Saalfelder Spaltenzone, die hier in das Schiefergebirge eintritt, der aus mehreren thüringisch-streichenden Gangspalten bestehende Gangzug auf (Erläut. zu Blatt Saalfeld 1914). Bis auf etwa 100 m Tiefe wurden folgende Paragenesen nachgewiesen: Kupferkies, Schwefelkies, Fahlerze, Rotgiltigerz, Bleiglanz mit vorwiegend spätiger Gangart (Kalkspat, Braunspat, Siderit und wenig Quarz). In einzelnen Abschnitten sind die Gänge besonders reich an Bleiglanz.

---

*) Das Vorkommen liegt bereits auf bayrischem Gebiet, unweit der thüringischen Grenze auf dem Blatt Hirschberg und soll deshalb hier mitbehandelt werden.

Vielleicht ist auch der am Luisenberg bei Ruhla im Granit aufsetzende Kupferkiesgang mit Schwerspat hierher zu zählen.

Gänge der quarzigen Kupferkiesformation sind aus dem Kristallin des Kyffhäusers (an der Rothenburg und bei Tilleda) bekannt, wo sie ebenfalls herzynisch streichen. Spätige Gangart (Kalkspat) tritt nur ganz untergeordnet auf. Nähere Einzelheiten darüber fehlen (Erläut. Bl. Kelbra 1884).

7. Barytische Kobalt-Nickel-Erzgänge.

Diese Gangformation ist in zahlreichen Gängen verbreitet, die rings um den Thüringer Wald die Zechsteinschichten sowie das Rotliegende durchsetzen und bis in die Kulmschiefer bzw. in das kristalline Grundgebirge verfolgt worden sind. Die wichtigsten sind Roter Berg bei Saalfeld, Gräfenhain-Nauenburg (südlich Gotha), Friedrichroda, Kupfersuhl-Eckardtshausen südlich Eisenach, Glücksbrunn bei Schweina, Kühberg, Asbach bei Schmalkalden.

Bei Kamsdorf und Saalfeld (Beyschlag, 1888) sind es herzynisch sowie ostweststreichende Verwerfungsspalten, die oft bis in den Muschelkalk und Buntsandstein heraufsetzen, aber innerhalb dieser Formationen keine Mineralführung mehr aufweisen. Die Erzführung beschränkt sich im wesentlichen auf den Gangabschnitt unterhalb des oberen Zechsteins bis in den Kulm hinunter und ist in der Regel zwischen den beiden verworfenen Flügeln des Kupferschieferflözes am reichsten. Weit verbreitet auf diesen Gängen sind Paragenesen von Kupferkies, Fahlerz mit fast ausschließlich spätiger Gangart (Baryt, Braunspat, Siderit und Kalkspat). Die Kobalt-Nickel-Erzführung ist im wesentlichen auf das Gebiet des Roten Berges beschränkt. Außerdem treten untergeordnet noch zahlreiche andere Sulfide wie Schwefelkies, Bleiglanz, Antimonglanz und andere Erze wie Pyrolusit, gediegen Wismut auf.

In den tieferen Teilen innerhalb des Kulms sind die Gänge noch wenig untersucht. Nur vereinzelt bildeten diese Gangabschnitte, z. B. bei Gasswitz und am Zimmersberg, den Gegenstand des Bergbaues auf Kupfererze. Weiter im Fallen scheint dann die Kupfererzführung nachzulassen und die Füllung besteht nur noch aus Schwerspat und Siderit. Eine Verquarzung nach unten scheint vorhanden zu sein.

Diese Gänge stellen jedenfalls die Zufuhrspalten dar, auf denen die Lösungen aufstiegen, die zur Bildung der metasomatischen Eisenerzlagerstätten des Zechsteins führten. Hinsichtlich ihrer Genesis spielen diese Gangtypen in der Lagerstättenliteratur eine sehr umstrittene Rolle. An der hydrothermalen Entstehung der Erzgänge ist jedoch, wie auch Schneiderhöhn (1941) ausführt, kaum mehr zu zweifeln. Die Bindung der reichen Vererzung, insbesondere der Kobalterze, an die Kreuzungen mit dem Kupferschieferflöz ist topomineralisch bedingt. Die sonstigen Beobachtungen hinsichtlich Anreicherungen, Verdrängungen usw. im Kupferschieferflöz lassen auf höhere thermale Einwirkung schließen.

Die von v. Freyberg angeführten Gänge in den Goldlauterer Schichten im Kesselgraben bei Friedrichroda können nicht als Gegenargument gelten. Von Freyberg will diese Vorkommen als Stütze für die Ansicht heranziehen, daß der Kobaltgehalt nicht aus dem Kupferschieferflöz stammt. Es (Erläut. zu Blatt Friedrichroda 1924) sollen hier innerhalb der feinkörnigen Sandsteine des Rotliegenden auf Spalten, Füllungen mit Schwefelkies, Bleiglanz, Speiskobalt, gediegen Wismut und Flußspat sowie Kalkspat als Gangart beobachtet worden sein. Ähnliche Paragenesen treten aber auch auf Gangspalten bei Katterfeld (Blatt Friedrichroda) vom U. Zechstein auf bis in das Rotliegende hinein. Die Beziehungen zu dem Zechstein sind hier nicht abzustreiten.

8. Antimonglanzgänge vom Typus Schleiz.

Derartige Gänge sind in einem Gangzug von Schleiz bis Zeulenroda, der an einer Längsstörung auf der Nordwestflanke des ostthüringischen Hauptsattels verläuft, innerhalb des Untersilurs und jüngerer Schichten bekannt. In hauptsächlich quarziger Gangart, der sich gelegentlich auch wenig Spateisenstein, Braunspat und Kalkspat beimischen, tritt Antimonglanz und selten einige andere Sulfide (Zinkblende) auf (Heß v. Wichdorff, 1910). Charakteristisch ist das vollkommene Fehlen von Arsenkies und Quecksilbererzen. Der Antimonglanz weist Spuren von Edelmetallen auf.

Ein zweiter Gangzug mit Gängen dieser apomagmatischen Fazies ist bei Greiz-Niederreinsdorf ebenfalls mit NO-Streichen innerhalb untersilurischer Sedimente im Südostflügel des ostthüringischen Hauptsattels nachgewiesen. Die hier auftretenden Paragenesen ähneln denjenigen von Schleiz. Es wird Bleiglanz mit geringen Edelmetallgehalten erwähnt. Nahe Beziehungen sind zu den in der nächsten Nachbarschaft auftretenden sulfidischen Gängen mit Kupferkies, Schwefelkies und silberhaltigen Bleiglanz vom Silberberg bei Reinsdorf anzunehmen. Auch erscheint hier der Anschluß an die vogtländischen Erzgangreviere von Reichenbach-Jößnitz gegeben.

Weitere quarzige Antimonglanzgänge sind von der Goldkuppe bei Leutenberg sowie bei Oberloquitz bekannt.

9. Spateisensteingänge und metasomatische Eisenerzlagerstätten.

Die Spateisensteingänge vom Typus Lobenstein im ostthüringischen Hauptsattel sind in der Hauptsache an ein herzynisch streichendes Spaltensystem gebunden, das im Zusammenhang mit dem Frankenwälder Quersattel und der Aufsattelung von Lobenstein und Hirschberg-Gefell die Schichtserie des Untersilur und in wenigen Fällen auch bis zum Kulm hinauf durchsetzt (v. Freyberg 1923, Erläut. zu Blatt Hirschberg 1912).

In den bergbaulichen Aufschlüssen, die sich zwischen den absoluten Höhenlagen von 500 bis 600 m (Hochflächeniveau) und etwa 350 m (Saalespiegel) bewegen, sind Gangfüllungen nachgewiesen, die neben Spateisenstein, Kalkspat, Flußspat (oft bauwürdig) und Quarz verschiedener Generationen, selten Schwerspat als Gangart führen. Außerdem treten eine Reihe von Sulfiden auf:

Kupferkies, häufig aber nur gelegentlich bauwürdig
Bleiglanz, selten aber in einzelnen Fällen bauwürdig
Wismutglanz
Zinkblende, nur in geringen Mengen
Arsenkies, selten
edle Silbererze
Nickel-Kobalterze, häufig aber nur in geringen Mengen
Ullmannit (Antimon-Nickelerz)
Antimonglanz
Schwefelkies, sehr häufig aber meist nur in kleinen Mengen.

Neuere Bearbeitungen dieser Vorkommen fehlen, ebenso wie bei den meisten anderen thüringischen Lagerstätten.

Bei einem Vergleich mit den vogtländischen Gängen, deren streichende Fortsetzung die Gangspalten des Lobensteiner Reviers bilden, fällt zunächst auf, daß hier alle höhenthermalen Paragenesen mit Feldspat, Topas, Zinnstein usw. fehlen. Arsenkies, Pyrit, Magnetkies treten gegenüber dem Vogtland sehr zurück. Übergangslagerstätten zu der pneumatolytisch-hochthermalen Fazies im Sinne P u f f e s (1938) sind im Lobensteiner Revier unbekannt. Dagegen scheinen Übergänge zu dem mesothermalen Typ der eisenspatreichen, quarzigen Kupferkiesgänge im Sinne S c h n e i d e r h ö h n s (1941) bzw. zu anderen epi- bis mesothermalen sulfidischen Paragenesen, wie sie auch in den Revieren Plauen, Jößnitz, Mechelgrün, Liebau i. V. auftreten (J a e g e r 1924), vorzuliegen.

Gänge desselben Typs (Erläut. zu Blatt Gräfenthal 1929, Blankenburg 1930) sind auch in gleicher geologischer Position im Kern des F r a n k e n w a l d e r Q u e r s a t t e l s a u f B l a t t G r ä f e n t h a l bekannt. Der Gangzug Hoheneiche-Gölitzthal und die Gänge am vorderen Stachelberg südlich Gräfenthal weisen ein herzynisches Streichen auf. Sulfidische Erze wie Kupferkies, Antimonglanz sind hier selten. In den Spateisensteingängen, die das Schmiedefelder untersilurische Eisenerzlager durchsetzen, ist Kupferkies, Zinkblende und Pyrit (v. F r e y b e r g 1923) nachgewiesen.

Desgleichen sind diese Gangtypen herzynisch streichend am S c h w a r z e n B e r g b e i D ö s c h n i t z sowie pyritführend vom hinteren B r e i t e B e r g b e i W i t t m a n n s g e r e u t h bekannt.

Es bleiben schließlich noch die Spateisensteingänge und die mit denselben zusammenhängenden metasomatischen Vorkommen von K a m s d o r f und dem Randstörungsgebiet in Südwestthüringen (K l i n g e r s p a l t e, M o m m e l u n d S t a h l b e r g s t ö r u n g) zu erwähnen. Diese Vorkommen, insbesondere die letzteren, wurden bereits ausführlich in neueren Arbeiten (B ö h n e 1915, 1919, 1925, 1926) behandelt. Die westthüringischen Lagerstätten treten am stark gestörten Gebirgsrand innerhalb des Zechsteins auf und setzen bis in die Unterlage desselben, die hier vom Grundgebirge gebildet wird, hinein. Die Erzspalten durchsetzen auch die Randüberschiebungstektonik.

Bei der Füllung der Gänge ist Spateisenstein, Schwerspat und Braunspat sowie gelegentlich Flußspat fast ausschließlich beteiligt. Nach der Tiefe verquarzen die Gänge. Von Interesse ist, daß abweichend von den Kamsdorfer Gängen Kupfererze nur ausnahmsweise bekannt sind. Von diesen Spalten aus ist es zur Bildung der metasomatischen Eisenerzlagerstätten im Zechstein gekommen.

10. Die oxydischen Eisenerz- und Manganerzgänge des Thüringer Waldes.

Die Verbreitung dieses Lagerstättentyps ist fast ausschließlich an die porphyrischen Ergußgesteine des Rotliegenden in dem Oberhofer Muldengebiet gebunden. Die wichtigsten Reviere sind:

Suhl
Steinbach-Hallenberg
Asbach
Friedrichroda
Elgersburg
Öhrenstock bei Ilmenau.

D i e R o t e i s e n e r z g ä n g e v o n S u h l (Erläut. zu Blatt Suhl 1908) zeigen im allgemeinen das übliche herzynische Nordweststreichen parallel zur Randspalte und verlaufen innerhab der porphyrischen Gesteine und im Granit, ohne in den Buntsandstein jenseits der Randstörung überzutreten.

Die Füllung besteht in der Hauptsache aus Roteisenerz. Auch Eisenglanz und untergeordnet oxydische Manganerze mit quarziger Gangart neben Flußspat, Schwerspat, Kalkspat treten auf. Kupferkies ist aus den Paragenesen einiger Gänge (R ö d e r und R i n g b e r g) bekannt geworden. Die Aufschlüsse bewegen sich bis in eine Tiefe von 100 bis 150 m.

Inwieweit die roteisenerzführenden Gänge der Roten Crux diesem Typ angehören oder bereits höherthermalen pneumatolytischen Bildungen zuzurechnen sind, kann noch nicht entschieden werden.

Die Gänge von Steinbach-Hallenberg.

Die Manganerzführung (Böhne 1915, Erläut. zu Blatt Tambach 1920) tritt hier oft mehr in den Vordergrund, so daß die Gänge zum Teil in reine Manganerzgänge übergehen (Komberg, Finsteres Tal). Die spätige Gangart mit Kalkspat, Siderit, Braunspat und Schwerspat überwiegt hier im Gegensatz zum Suhler Revier. Brecciengänge und Erzimprägnationen im Porphyr von den Gängen aus sind häufig. Das Streichen der Gänge ist wieder in der Hauptsache ein nordwestliches. Oft handelt es sich hier um dieselben Spaltenzüge, welche im Zechstein die Kobaltrücken bilden und dann innerhalb des Porphyrs als Eisenmanganerzgänge entwickelt sind. Im Fallen sind alle diese Vorkommen noch nicht auf größere Erstreckungen untersucht worden. Übergänge in reine Spateisensteinfüllungen sind insbesondere in tiefer aufgeschlossenen Gangteilen bekannt.

In geologisch ähnlicher Position setzen in der Nähe der nördlichen Randspalte des Gebirges die Roteisenerzgänge bei Friedrichroda (Erläut. Blatt Friedrichroda 1924) auf. Das Nebengestein besteht fast ausschließlich aus dem rotliegenden Konglomerat der Goldlauterer Schichten. In den Paragenesen spielen neben Roteisenerz auch oxydische Manganeisenerze eine Rolle, während nach der Tiefe Übergänge zu Spateisenstein beobachtet wurden. Die Erstreckung der Aufschlüsse im Fallen ist aber noch geringer als bei Suhl. Die Gangart ist vorwiegend spätig. Außerdem tritt auch Quarz auf vielen Gängen auf. Im Streichen scheinen diese Gangspalten (Ungeheuerer Grund) auch in erzfreie Flußspat- und Schwerspatgänge überzugehen.

Die Manganerzgänge bei Geraberg-Elgersburg.

Mehrere ebenfalls herzynisch streichende Gangsysteme setzen innerhalb des Porphyrs und an der Grenze desselben zu Sedimenten des Rotliegenden auf. Auch hier ist die starke Auftrümerung der Gänge im Porphyr und die Imprägnation desselben mit schwarzen Manganerzen typisch. Oxydische Manganerze bilden das fast ausschließlich auftretende Erz. Im Fallen und Streichen nimmt gelegentlich die Manganerzführung auf Kosten der oxydischen Eisenerze ab, so daß dieselben in eisenerzreiche Gänge übergehen. Hauptgangart ist das Nebengestein selbst. An sonstigen Mineralien wird Schwerspat, Quarz, selten Kalkspat genannt. Flußspat fehlt vollkommen. Moderne Bearbeitungen dieser Lagerstätten fehlen. Durch neuere bergmännische Untersuchungsarbeiten konnte aber nachgewiesen werden, daß das vielfach behauptete baldige Auskeilen der Gänge nach der Tiefe nicht zutrifft.

Zu diesen Gängen müssen auch die meist ostweststreichenden Manganerzgänge von Öhrenstock bei Ilmenau gezählt werden. Außer der oben erwähnten spätigen Gangart sind hier Flußspat und Quarz als Gangmineralien zu nennen.

Über die Genesis aller dieser Vorkommen gehen die Meinungen noch auseinander. Früher wurden diese Vererzungen meist als lateralsekretionäre, deszendente Bildungen angesehen. Es dürften aber doch die modernen Anschauungen zutreffen, nach denen diese Vorkommen als hydrothermale Bildungen epithermalen Charakters aufgefaßt werden, die der subvulkanischen Folge im Sinne Schneiderhöhns zugezählt werden müssen. Der Mineralbestand mit der gelegentlichen Flußspatführung sowie die Übergangstypen zu anderen höherthermalen Paragenesen mit Kupferkies und Spateisenstein stützen die letztere Annahme. Sie bilden zusammen mit den reinen Schwerspat- und Flußspatgängen die letzten und jüngsten Gangfüllungen, die niedrigstthermalen Differenziate der thüringischen Metallprovinz.

11. Die Schwerspat- und Flußspatgänge des Thüringer Waldes.

Diese Gänge stehen oft in engstem Zusammenhang mit den oben beschriebenen Erzgängen und begleiten, was insbesondere die Schwerspatgänge anbetrifft, den Nord- und Südrand des Thüringer Horstes. Diese Vorkommen, die zum Teil eine erhebliche bergwirtschaftliche Bedeutung haben, wurden bereits in einer Reihe von neueren Arbeiten dargestellt und hinsichtlich ihrer Genesis und ihres Alters diskutiert (Bärtling 1911, Staub 1928, 1929, Bender 1934).

Die wichtigsten Lagerstätten sind:

Die Schwerspatgänge der Mommel.

Staub unterscheidet hier zwei Typen:

1. Paragenesen unmittelbar im Zusammenhang mit dem Spateisensteingang der Mommel, wo der Schwerspat mit dem Siderit und auch mit Flußspat zusammen auf derselben Spalte und das Eisenerz durchsetzend auftritt. Bärtling und auch Böhne nimmt eine Altersfolge Eisenerz-Schwerspat-Flußspat an.

2. Die Gänge im Granit am Michelsberg und Galgenberg streichen WNW. Charakteristisch ist hier das starke Zurücktreten des Siderits und die auffallend starke Verquarzung sowie auch die zunehmende Flußspatführung. Nach Staub tritt in diesen Paragenesen Quarz mit Flußspat als ältestes Mineral auf.

Die Gänge von Könitz bilden die streichende Fortsetzung der Kamsdorfer Gänge und gehen hier in reine Barytgänge über. Flußspat fehlt in den Füllungen vollständig, Quarz wird nur selten beobachtet. Kupferkies tritt gelegentlich bis in größere Tiefen auf. Nach der Tiefe zu scheint die Füllung in Spateisenstein überzugehen. Die Gänge sind bis in den Kulm herunter verfolgt worden und durch den Bergbau bis auf etwa 250 m Seigertiefe aufgeschlossen. In der Altersfolge scheint Baryt auf die Hauptausscheidung des Siderits zu folgen.

Weitere Gänge mit fast ausschließlich Schwertspatfüllung sind weiter westlich bei Leutnitz bekannt, wo sie innerhalb des unteren und mittleren Zechsteins aufsetzen und in ihrem Verlaufe auf die unmittelbare Nähe des Gebirgsrandes beschränkt sind. Zwei Gruppen, eine nord-ost- und eine nord-süd-streichende werden unterschieden, wobei die letztere die ältere ist. In das Grundgebirge setzen die Gänge zwar hinein, vertauben aber ebenso wie nach oben in den lettigen Schichten des oberen Zechsteins. Im Buntsandstein sind diese Spaltenfüllungen hier nirgend bekannt. Im Zusammenhang mit diesen Gängen stehen wahrscheinlich die im Zechsteinkalk auftretenden metasomatischen Barytvorkommen. Neben mindestens zwei Generationen Baryt und untergeordnet Kupferkies sowie angeblich in geringen Tiefe auch Quarz ist hier eine Flußspatführung bekannt geworden.

An weiteren Schwerspatgängen sind noch zu nennen die Vorkommen von Thal, Ruhla, Königsee, Allendorf, Arlesberg, Crahwinkel, Friedrichroda und im kleinen Thüringer Wald sowie bei Suhl, Schweina und Gumpelstadt.

Der Floßberggang bei Steinbach-Atterode im Gneis und Granit aufsetzend erreicht Mächtigkeiten von 20 bis 25 m und steht im Zusammenhang mit dem nordweststreichenden Spaltensystem der Klingerstörung. Eine ältere Spateisensteingeneration wird von Flußspat abgeschnitten. Schwerspat fehlt, Quarz tritt lagenförmig mit dem Flußspat verwachsen auf.

Der Floßberggang bei Ilmenau, eines der bedeutendsten Flußspatvorkommen des Thüringer Waldes tritt innerhalb der Gehrener Schichten (Tuffe, porphyrische Ergußgesteine) des Unterrotliegenden in nächster Nähe des Granits auf. Bei der viele km betragende streichenden Erstreckung wechselt die Mineralführung in stärkerem Ausmaß. Stellenweise findet sich reichlich Schwerspat. Seltener sind Erze, wie Kupferkies und oxydische Eisenmanganerze, auch Verquarzungen durch eine junge Quarzgeneration sind zu beobachten, wobei meist nicht zu entscheiden ist, inwieweit dabei sekundäre Umsetzungen eine Rolle spielen.

An den Granit des Arolsberges bei Unterneubrunn gebunden treten Flußspatgänge auf, die in ihrem Charakter von den bisher genannten etwas abweichen. Vor allem fällt ihre geringere Mächtigkeit, die geringere streichende Erstreckung und das Fehlen oder zumindestens sehr seltene Vorkommen von Baryt in der Füllung auf. Nur an einer Stelle wurden einige Lesesteine, die Baryt mit Flußspat verwachsen zeigen, gefunden. Ihr Vorkommen ist ausschließlich auf den Granit beschränkt. Es sind zwei Quarzgenerationen vorhanden, von denen die eine älter als der Flußspat und eine jünger bzw. gleichzeitig ist. Außerdem treten als jüngste Ausscheidungen oxydische Eisenmanganerze auf. Aufschlüsse bis unter die Talsohle sind ebenso wie auf den anderen thüringischen Flußspatlagerstätten kaum vorhanden, so daß über die Entwicklung der Gänge in größerer Tiefe nichts bekannt ist.

Chalzedon fehlt im Gegensatz zu den übrigen Flußspatlagerstätten in Unterneubrunn vollständig.

12. Exhalativ-sedimentäre Eisenerzlagerstätten.

Dazu gehören die Roteisenerzlager und Magnetitvorkommen im Oberdevon von Schleiz und Pörmitz, die sämtlich mit dem basischen Vulkanismus verknüpft sind. Es treten zwei Typen auf, einmal die meist als Roteisenerzlager entwickelten Grenzlager zwischen den oberdevonischen Kalken und den darunter liegenden Schalsteinen, dann die meist etwas pyritführenden Magnetit- seltener Roteisenerzlager im oberen Teil des Schalsteins selbst. Ihre Verbreitung ist deutlich an die beiden Schalsteintröge des Oberdevons von Schleiz und Hirschberg-Hof gebunden (v. Gaertner 1942).

Die Vererzung Thüringens als Teil der saxothüringischen Zone des Varistikums betrachtet, entspricht in ihrer Gesamtheit weitgehend dem allgemeinen Charakter der Vererzung dieser Gebirgszone. Es tritt hier eine verhältnismäßig mannigfaltige Mineralisierung auf, wenn auch die bergwirtschaftliche Bedeutung der einzelnen Vorkommen magmatogener Abkunft meist gering ist und nicht die Vollständigkeit der Vererzung mit der klassischen Abfolge von Lagerstätten wie z. B. im Erzgebirge erreicht wird.

Bei einer Betrachtung der gegebenen Übersicht fällt auf, daß hier im Bereiche des thüringischen Horstes unter den Lagerstätten der magmatischen Abfolge pneumatolytische und höherthermale Paragenesen weitgehend fehlen. Unter den enger mit dem Erzbringer verknüpften Vorkommen sind nur einige wenige Kontaktlagerstätten zu nennen. Im übrigen liegt der Schwerpunkt auf apomagmatischen bis telemagmatischen Typen, insbesondere auch Lagerstätten metasomatischer Entstehung, deren Genesis, Alter und Zusammenhang mit dem erzbringenden Magma den Gegenstand von zahlreichen Erörterungen bildet und in vielen Fällen auch noch nicht restlos geklärt werden konnte. Etwas abweichend von dem Gesamtcharakter der Gangvorkommen dieses Gebietes ist das Auftreten der höherthermalen Goldquarzgänge im Schwarzburger Sattel. Auffallend ist die Abwesenheit bzw. Seltenheit von Erzen der Silber-Blei-Zinkgruppe, die im Gegensatz zum Erzgebirge und Harz hier kaum in Erscheinung tritt. Gut ausgeprägt ist eine Antimonprovinz, die vom sächsischen Vogtland und Fichtelgebirge bis in das Gebiet des Schwarzburger Sattels verfolgt werden kann. Westlich des Schwarzburger Sattels fehlen diese Erze. Auch das Kupfer ist der thüringischen Erzprovinz ebenso wie in Sachsen und Böhmen im Gefolge der permokarbonischen Intrusionen nicht fremd. Charakteristisch ist das über das gesamte Gebiet weitverbreitete Auftreten von Eisenerzen, die oft mit Schwerspat und Flußspat verknüpft sind. Nur untergeordnet treten jedoch die für die rheno-herzynische Zone des Gebirges (Ostsudeten, Harz, rheinisch. Schiefergebirge) so charakteristischen Eisenerze auf, die im Zusammenhang mit dem devonischen Vulkanismus stehen. Sie fehlen vollständig in Sachsen und Böhmen, und sind in diesen inneren Zonen des Gebirges kaum entwickelt. Man könnte in diesem Zusammenhang bei dem Eisenreichtum der thüringischen Metallprovinz, und zwar sowohl in der sedimentärsynklinalen Phase (Untersilur-Eisenerzhorizonte) also auch in den orogenetisch-intrusiven Phasen an die Vorstellungen von Backlund (1940) und Petrascheck (1942) über die metallische Selbstversorgung der Oberkruste in ihrem internen Kreislauf denken.

Liquidmagmatische Lagerstätten fehlen ebenso wie die dazugehörigen basischen Tiefengesteine vollkommen.

Ganz allgemein muß noch festgestellt werden, daß sich die Vererzung ausschließlich auf das Gebiet der eigentlichen Horste (Thüringer Wald, ostthüringisches Schiefergebirge und Kyffhäuser) beschränkt und nur innerhalb der paläozoischen Schichten auftritt. Die ausgedehnten Gebiete der Trias sind absolut erzfrei, obwohl sie weitgehend von zahlreichen Spaltenzügen durchsetzt werden und die für metasomatische Erzbildungen geeigneten reaktionsfähigen Gesteine in großem Maße aufweisen. Nur ganz sporadisch treten innerhalb des Buntsandsteins einzelne kleine Schwerspatgänge auf. Das gilt auch von den dem tertiären Vulkanismus in der Rhön und in Südthüringen unmittelbar benachbarten Gebieten. So ist beispielsweise der Eichenberger Störungszug, der bei seinem Eintritt in das Schiefergebirge bei Blankenburg Erz führt, innerhalb des Mesozoikums vollkommen steril*). Bemerkenswert ist noch die Sterilität der beiden Kulmmulden, der ostthüringischen Hauptmulde und der vogtländischen Synklinale. Die Vererzung ist hier ausschließlich auf den ostthüringischen Hauptsattel und den Schwarzburger Sattel beschränkt, während innerhalb der Muldengebiete nur im Bereiche der Queraufsattelungen und der ostthüringischen Granitaufbrüche Lagerstätten auftreten. Die innerhalb der Kulmgesteine zahlreich auftretenden Spalten weisen ausschließlich eine erzfreie Quarzfüllung auf.

III. DIE GEBIRGSBILDENDEN VORGÄNGE IN THÜRINGEN.

Nach den neueren Arbeiten Scheumanns (1924), Deubels (1925) und v. Gaertners (1933) sind in der geologischen Entwicklung des sächsisch-thüringischen Paläozoikums zwei tektonisch-magmatische Großvorgänge zu unterscheiden: Ein jüngerer Magmazyklus, der die Zeiträume vom oberen Mitteldevon bis zum unteren Perm (variskische Faltung) umfaßt. Ein älterer Zyklus, der im wesentlichen im Silur bereits abgeschlossen ist, fällt nach Vergleichen mit Böhmen in die Zeit vom Mittelalgonkium bis zum oberen Kambrium und entspricht der großen postalgonkischen Faltung in Böhmen.

Zu letzterem sind bestimmt zu rechnen die Gesteine der präsilurischen Eruptivgruppe Südostthüringens mit Gneisgraniten und Granitporphyren (Hirschberg, Greiz) sowie auch die Effusivgesteine (Quarzkeratophyre, Quarzporphyre, Amphibolite) insbesondere des Schwarzburger Sattels sowie die entsprechenden Gerölle in den Konglomerathorizonten des Oberdevons und Kulms. Nach Scheumann müssen alle diese Gesteine der apotektonischen Phase des algonkisch-kambrischen, magmatisch-orogenetischen Zyklus zugezählt werden. Sie entsprechen etwa der Porphyrserie des oberen Teils des bömischen Mittelkambriums. Schwache orogenetische Nachwirkungen sind innerhalb des Schwarzburger Sattels noch bis in das höhere Untersilur beobachtet worden. Inwieweit in dem Kristallin des westlichen Thüringer Waldes prävariskische Glieder vorliegen, kann noch nicht entschieden werden. Entsprechende Beobachtungen sind durch das Fehlen von sicher bestimmbarem Altpaläozoikum und andererseits durch die jüngere Rotliegend-Bedeckung sehr erschwert.

Die variskische Magmenabfolge beginnt in Thüringen mit der eruptiven Fazies des Oberdevons (Diabase, Tuffe usw.), die nach Scheumann der protektonischen Magmenphase zuzurechnen ist. Dazu gehört vielleicht noch die Gruppe der kulmischen Keratophyre im Gebiete von Hof mit dem Rosenbühlgestein auf Blatt Gefell. Syntektonische Intrusiva dieses Zyklus liegen in Ostthüringen nicht vor. Wahrscheinlich gehören aber einige Gesteine des westlichen Thüringer Waldes im Gebiete des Ruhlaer Sattels dieser Gruppe an. Entsprechende Untersuchungen fehlen darüber.

In die apotektonische Magmenphase sind zu rechnen die ostthüringischen Granite und die Granite des Thüringer Waldes sowie die Effusivgesteine des Rotliegenden im zentralen Thüringer Wald. Sie entsprechen dem subsequenten Vulkanismus im Sinne Stilles. Unterpermische Diskordanzen lassen hier die letzten orogenetischen Vorgänge erkennen, mit denen dieser tektonische Zyklus ausklingt.

IV. ZUGEHÖRIGKEIT DER EINZELNEN LAGERSTÄTTEN ZU DEN MAGMATISCH-OROGENETISCHEN VORGÄNGEN.

Unter den thüringischen magmatogenen Erzlagerstätten sind es nur wenige, bei denen die Frage diskutiert werden könnte, ob sie gegebenenfalls dem prävariskischen tektonisch-magmatischen Zyklus zuzuordnen wäre. Dazu könnte u. U. die Zinnerzlagerstätte, welche am Büchig bei Hirschberg an den Granitgneis gebunden auftritt, gerechnet werden. Auf Grund der über diese Lagerstätte vorliegenden alten Literaturangaben ist eine sichere Beurteilung des Vorkommens nicht möglich. In Anbetracht der darin auftretenden perimagmatischen Paragenesen ist aber ein Zusammenhang mit dem prävariskischen Hirschberger Granitgneis und deshalb ein prävariskisches Alter des Vorkommens mit großer Wahrscheinlichkeit anzunehmen.

---

*) Dieser Umstand ist wohl damit zu erklären, daß nur die Störungen der großen Gebirgshorste einen entsprechenden Tiefgang aufweisen und bis in das Grundgebirge hineinsetzen, während die Spaltenzüge im Mesozoikum (Thür. Becken) — mit Ausnahme vielleicht derjenigen der hermundurischen Scholle — nur bis in den Zechstein reichen (Bubnoff, Naturwissenschaften 1938).

Es wäre schließlich noch zu untersuchen, inwieweit Anhaltspunkte dafür vorliegen, um die Goldquarzgänge des Schwarzburger Sattels dem prävariskischen Magmazyklus zuzurechnen. Auffallend ist, daß diese Gänge in der Regel, ebenso wie die Golderzgänge bei Ruhla an das westthüringische Kristallin, ausschließlich an die alten Gesteine (Algonkium bis Tremadoc) des Schwarzburger Sattels gebunden sind, und auch in ihrem Habitus als intrusive katathermale Goldquarzgänge aus dem Rahmen des Gesamtbildes der thüringischen Erzgangvorkommen herausfallen. Die Hauptheimat dieser Golderzgänge bilden ja die Teufenzonen zwischen dem embatholithischen bis zum akrobatholithischen Stockwerke im Sinne Emmons. Sie passen deshalb gut in das tiefe Aufschlußniveau in Bezug auf den prävariskischen Plutonismus, dessen Spitzen im Schwarzburger Sattel angeschnitten sind.

Auch ihr Auftreten innerhalb des Tremadoc würde gegen diese Einordnung nicht sprechen, da ja auch der postalgonkische Magmatismus (subsequente Vulkanismus im Sinne Stilles!) mit seiner Förderung bis in das U. Silur (v. Gaertner 1933) fortsetzt.

v. Gaertner (1933) erwähnt jedenfalls aus der Gegend westlich von Katzhütte innerhalb algonkischer Schiefer einen Quarzgang, der als Einschluß in der Quarzfüllung Brocken ungeschieferten Granits enthält, der nach diesem Autor mit den prävaristischen Graniten des Schwarzburger Sattels verglichen werden muß. Dieser Gang wäre demnach jünger als diese prävariskischen Granite, aber älter als die postgranitische Schieferung, die im wesentlichen variskisch sein muß, da es sich dabei um posttektonische Granite der prävariskischen Orogenese handelt. Man könnte deshalb auf Grund ihrer geologischen Position und des Charakters ihrer Füllung einen Zusammenhang mit den im Schwarzburger Sattel aufgeschlossenen prävariskischen sauren Eruptiven vermuten.

Die Gangbilder aber, wie sie z. B. Hess v. Wichdorff: Profil im Eisenbahneinschnitt bei Sitzendorf und von Gaertner: Tal zwischen Katzhütte und Glasbach, Steinberg und Mankebach abbildet, erwecken hinsichtlich des Verbandes mit dem Nebengestein doch den Eindruck, daß sich die Gangfüllung in den aufgeblätterten Schiefern Platz geschaffen hat. Die Gangspalten verlaufen in ihrem Einfallen oft vollkommen konkordant mit der Schieferung. In manchen Fällen ist auch ein spitzwinkliger Verlauf zu beobachten. Oft weisen die Gänge Apophysen auf, die eine Klüftung des Nebengesteins benützen.
Nun handelt es sich bei den von Gaertner abgebildeten Beispielen allerdings um algonkische Schiefer, bei denen eine der variskischen Schieferung gleichsinnige prävariskische Schieferung wahrscheinlich angenommen werden muß. Die Bilder Hess v. Wichdorffs der konkordant der Schieferung der Tremadoc-Schichten verlaufende Gänge von Sitzendorf zeigen aber doch, daß diese Gangfüllungen deshalb wahrscheinlich jünger sind als die auf die Faltung folgende Regionalmetamorphose und Klüftung. Sie stellen wahrscheinlich ein tieferes Stockwerk der jüngeren variskischen Vererzung dar, wenn auch das zugehörige Magmapluton im Schwarzburger Sattel nicht aufgeschlossen ist. Auch die geringe Goldführung der an die variskischen Granite Ostthüringens gebundenen Kontaktlagerstätten und Antimonerzgänge stützt diese Auffassung. Hervorzuheben ist andererseits aber die vollständige Abwesenheit des Antimons in den Vorkommen des Schwarzburger Sattels, wodurch sich dieser Gangtyp von den Golderzgängen des Fichtelgebirgischen Reviers bei Brandholz, Goldkronach unterscheidet.

Gut passen die turmalinführenden pneumatolytischen Gänge des Ruhlaer Sattels zu dem tiefen Aufschlußniveau dieses Gebietes.

Als älteste Lagerstätten der variskischen Magmenfolge sind die im Zusammenhang mit dem basischen Vulkanismus, dem initialen Magmatismus der variskischen Orogense im Sinne Stilles auftretenden Eisenerze des Oberdevons im ostthüringischen Hauptsattel zu betrachten. Über ihre Entstehung und Einordnung besteht nach den neueren Untersuchungen hinreichende Klarheit (v. Gaertner 1942), so daß weitere Erörterungen nicht nötig sein dürften.

Es ist zur Zeit nicht zu entscheiden, ob nicht auch die Kupferkies- und Fahlerzvorkommen mit quarziger Gangart im Mitteldevonischen Diabas und Tuff im S und SW von Schleiz zu dieser Gruppe gehören. Nähere Einzelheiten über diese Lagerstätten sind nicht bekannt. Wahrscheinlich sind diese Vorkommen aber ebenso wie die Schleizer Antimonerzgänge der jüngeren Vererzung zuzuzählen, die an die posttektonischen Granite gebunden ist.

Kein Zweifel besteht auch über die genetischen Beziehungen der Kontaktlagerstätten und der Molybdänerzvorkommen pneumatolytischen Charakters in Ostthüringen zu den in ihrer unmittelbaren Nähe auftretenden variskischen Graniten. Während die Molybdänerze am Henneberg direkt in pegmatitischen Schlieren innerhalb des Granits auftreten, sind die Vorkommen von Weitisberga und Leutenberg an die Kontakthöfe des Henneberggranits bzw. desjenigen von Leutenberg gebunden. Ebenso ist das Vorkommen der Schwarzen Crux an die nächste Umgebung des Granits von Schmiedefeld gebunden.

Außer Frage steht wahrscheinlich auch der Zusammenhang der Arsenkiesgänge von Gama mit dem Sormitztalgranit.

Alle diese zu dem Mineralisator in engster Beziehung stehenden Lagerstätten Ostthüringens sind an die Linie der Granitaufbrüche Kontakthof Sparnberg-Pottiga, Helmsgrün, Henneberg und Sormitztal, sowie der Kontakthöfe Leutenberg, Hirzbach, Schweinsbach und den Granit von Döhlen geknüpft. Wie bereits Deubel (1925) zeigt, stehen diese Aufbrüche auf der Linie Sparnberg-Henneberg mit dem Frankenwälder Quersattel in Beziehung, während die Strecke Henneberg-Döhlen auf der Verbindungslinie Frankenwälder Quersattel-Gartenkuppenzug liegt und durch die Devonaufsattelung von Leutenberg verläuft. Diese Linie fällt jedenfalls mit einer bereits alt angelegten Schwächezone herzynischen Streichens zusammen, die auch durch die Mesodiabasgangzüge angedeutet ist, welche mit herzynischem Streichen quer durch die Ziegenrücker Mulde von Hirschberg bis in die Gegend von Saalfeld verlaufen. Ihre Fortsetzung findet diese Schwächelinie einerseits nach Nordwesten in den jungen Brüchen des Eichenberger Störungszuges, während sie andererseits nach Südosten in die herzynisch streichenden Störungen des Vogtlands übergeht.

Im zentralen Thüringer Wald selbst fehlt dieser Lagerstättentyp, vielleicht mit Ausnahme der Schwarzen Crux bei Schmiedefeld und vereinzelten Gängen mit pneumatolytischen Mineralparagenesen im Ruhlaer Sattel, vollkommen. Der Grund dafür liegt wahrscheinlich darin, weil hier Kontakte von gasreichen Magmaintrusionen mit reaktionsfähigen Gesteinen bzw. das Schieferdach der Granitintrusionen meist nicht aufgeschlossen bzw. nicht mehr vorhanden sind.

Zu den Lagerstätten, die in unmittelbarem Zusammenhang mit den variskischen Graniten stehen, zählen vermutlich auch die Kupferkiesgänge von Unterneubrunn. Diese setzen in der Nähe des Arolsberger Granits mit seinem Kontakthof auf. Die gleiche Gangformation, jedoch mit spätiger Gangart, trifft man in dem Haussachsener Gangzug bei Saalfeld an, der mit seinem Spaltenzug die unmittelbare nordwestliche Fortsetzung der Linie der ostthüringischen Granitaufbrüche bildet. Seine andererseits unmittelbar an den Eichenberger Störungszug anschließende Lage beweist deshalb noch nicht das jugendliche Alter dieser Gänge, da es sich bei diesem Störungszug des Saxonikums offenbar um eine Wiederbelebung einer alt vorgezeichneten Richtung handeln dürfte.

Gänge der quarzigen Kupferkiesgruppe, die altersmäßig ebenfalls hier einzuordnen wären, sind aus dem Kristallin des Kyffhäusers an der Rothenburg und bei Tilleda bekannt.
Zu den magmaferneren Gangtypen, bei denen der Zusammenhang mit dem Erzbringer schon schwerer erkennbar ist, gehören die Antimonglanzgänge Ostthüringens. Sie sind in ihrer Verbreitung auf beide Flanken des ostthüringischen Hauptsattels, auf die Devonaufsattelung von Leutenberg und die Ostflanke des Schwarzburger Sattels (Oberloquitz) beschränkt. Ihr Zusammenhang mit der spätvariskischen Vererzung ist sehr wahrscheinlich, wenn auch ein unmittelbarer Nachweis nicht geführt werden kann. Auch Puffe (1937) nimmt einen Zusammenhang der Antimonlagerstätten des ostthüringischen Sattels mit den südwestvogtländischen variskischen Gängen als wahrscheinlich an. Auch die Vorkommen Leutenberg und Oberloquitz liegen auf der Linie der ostthüringischen Granitaufbrüche. Zu klären wäre noch das altersmäßige Verhältnis zu den Gangdiabasen, die auf den Schleizer Gängen zusammen mit dem Erz auf derselben Spalte auftreten. Ob es sich bei diesen Diabasen um jüngere, den ostthüringischen Mesodiabasen zuzurechnende Bildungen handelt, die jünger als Faltung und Schieferung das Gebirge durchsetzen und dann von den Erzlösungen erneut benützt wurden, oder ob diese Gesteine mit den älteren intrusiven Diabasen zu vergleichen sind, die durch die Faltung zu linsenförmigen Körpern ausgewalzt wurden, ist nicht zu entscheiden. Oft besteht der Eindruck, daß gerade an den Grenzflächen solcher linsenförmiger Diabaskörper zu dem aufgeblätterten Schiefer Spalten aufgerissen sind, auf denen es dann zum Absatz der Gangfüllungen kam.

Umstrittener ist schon die altersmäßige Einordnung der Spateisensteingänge im ostthüringischen Hauptsattel und an der Ostflanke des Schwarzburger Sattels.
Wenn man von dem benachbarten vogtländischen Erzgangrevier ausgeht, über das jetzt einige neuere Untersuchungen vorliegen, so konnte hier die Beziehung der Vererzung zu den spätvariskischen Granitintrusionen einwandfrei nachgewiesen werden. Puffe (1937) konnte diesen Nachweis um so leichter führen, als hier an Hand von Übergängen (temporaler und lateraler Fazieswechsel) die tiefhydrothermalen karbonatisch-barytischen Paragenesen mit dem Spateisenstein über eine höherthermale Fazies mit vorwiegend sulfidischen Mineralien mit den hochthermalen pneumatolytischen Gangbildungen verknüpft sind. Die Abkunft der letzteren mit den in unmittelbarer Nähe auftretenden sauren Eruptiven (Kontakthof Eichigt und von Ölsnitz i. V. Auf der 140-m-Sohle in der Grube des Zinnbergbaus Ölsnitz aufgeschlossen) ist aber außer Zweifel. Alle diese Gangformationen kamen in einem einheitlichen Spaltensystem zum Absatz, dessen Entstehung Jaeger (1924) im Rahmen der Mechanik der variskischen Tektonik zu deuten versuchte. Die Zugehörigkeit der vogtländischen Spateisensteingänge zu der spätvariskischen Vererzung ist damit erwiesen.

Ebenso wie diese an die Untertriebeler Queraufsattelung gebundenen Gänge des südwestlichen vogtländischen Reviers treten in geologisch ganz ähnlicher Position, an den Frankenwälder Quersattel und die Aufsattelung von Hirschberg-Gefell gebunden und nur durch die vogtländische Hauptmulde getrennt, die Eisenspatgänge des Lobensteiner Reviers auf. Auch diese weisen ebenso wie das Spaltensystem des Vogtlandes herynisches Streichen auf.

Bereits Zimmermann nimmt ein oberkarbonisch-permisches Alter dieser Spalten an, die oft gleichzeitig größere Verwerfungen und Gesteinsgrenzen bilden. Außer von den Erzlösungen werden herzynisch streichende Spalten in diesem Gebiet auch von den Mesodiabasen*) benützt. Allerdings sind auch nord-süd-streichende Diabasgänge bekannt, während die nordwest-streichenden oft im Streichen um ein geringes von den Eisenerzen abweichen, so daß es zur Bildung von Kreuzen zwischen beiden kommt. Leider sind derartige Gangkreuze in den Gruben nicht aufgeschlossen, so daß über das gegenseitige Altersverhältnis nichts ausgesagt werden kann.

*) Für die postkulmisches aber praezechsteinisches Alter nachgewiesen ist — z. B. bei Bretemitz/Saale südlich Saalfeld — (Brandes, 1920).

Aus den Aufschlüssen im Gebiete des Henneberggranits und insbesondere am Kontakthof von Sparnberg-Pottiga ergibt sich aber, wie schon Deubel (1925) zeigte, daß die Kontaktmetamorphose jünger ist als die Regionalmetamorphose (Schieferung), und daß die Querstörungen teils jünger, teils aber auch älter sind als die Granitintrusion. Die in diesem Gebiet noch auftretenden variskisch-streichenden Längsstörungen sind jedenfalls noch älter als die herzynischen Brüche und werden meist von diesen Querstörungen versetzt. Die Granitintrusion erfolgte daher erst nach Beginn der Bruchtektonik. Damit war der Nachweis erbracht, daß auch die ostthüringischen Granite ebenso wie die jüngeren Granite und Mineralisatoren des Erzgebirges der apotektonischen Magmenphase des variskischen Zyklus angehören und jünger sind als die Faltung. Sie sind also bezüglich ihrer Stellung in der Orogenese mit den erzgebirgischen posttektonischen Graniten bzw. Erzbringern gleichzusetzen.

Der Nachweis über den Zusammenhang der Vererzung mit diesen Graniten ist hier allerdings nicht so leicht zu erbringen wie im Vogtland, da hier der Anschluß nach unten bis zu den magmanahen pneumatolytischen Paragenesen fehlt. Übergänge zu den epi- bis mesothermalen sulfidischen Paragenesen, insbesondere zu den quarzigen Kupferkiesgängen scheinen jedoch vorhanden zu sein. Aus den oben geschilderten Verhältnissen und insbesondere aus der Homologie zu dem benachbarten vogtländischen Erzgangrevier ergibt sich jedoch, daß auch die ostthüringischen Erzgänge des Lobensteiner Reviers mit den im Untergrund nachgewiesenen spätvariskischen Graniten in Zusammenhang gebracht werden müssen und altersmäßig in die spätvariskische Vererzung einzuordnen sind.

Die von v. Freyberg angeführten Gegenargumente, der diese Gänge mit dem saxonischen Bruchsystem altersmäßig gleichsetzen möchte, erscheinen nicht stichhaltig. Daß, wie oben gezeigt wurde, ein Teil der Gangspalten jünger als die Granitintrusion und jünger als die erzgebirgisch streichenden Störungen ist, besagt nichts gegen das variskische Alter der Vererzung. Auf den älteren Längsstörungen konnte es wahrscheinlich deshalb nicht zu einer Erzausscheidung kommen, da es sich hier oft um Überschiebungsstörungen handelt, und weil sie andererseits meist älter als die Granitintrusion und zur Zeit der Erzbildung schon weitgehend verheilt waren. Daß durch das Gangsystem variskische Sättel und Mulden abgeschnitten werden, ist nicht weiter erstaunlich, da es sich ja um eine z. T. auf die Faltung folgende Bruchtektonik handelt, die oft jünger als die Granitintrusion ist. Daß die herzynisch streichenden Störungen in hrer Anlage schon alt sind, beweisen, wie schon oben angeführt wurde, die Anordnung der ostthüringischen Granitaufbrüche selbst, die langgestreckten Mesodiabasgangzüge sowie die zahlreichen herzynisch streichenden Eruptivgesteinsgänge des Rotliegenden im Thüringer Wald. Auch das Fehlen der hochthermalen Paragenesen im Gebiet des Kontakthofes von Sparnberg-Pottiga besagt nicht, daß diese im Untergrund vorhandene Granitintrusion keinen Zusammenhang mit der Vererzung besitzt, weil dabei temporale Fazieswechsel eine Rolle spielen können.

Es besteht kein Grund, die dem Lobensteiner Typ entsprechenden Spateisensteingänge innerhalb der paläozoischen Schiefer der Ostflanke des Schwarzburger Sattels, die hier auf Blatt Gräfenthal und Blatt Blankenburg in einer ähnlichen geologischen Position wie die Lobensteiner Gänge im Kern des Frankenwälder Quersattels auftreten, nicht der variskischen Vererzung einzuordnen.

Noch schwieriger zu entscheiden ist die Frage der Beziehungen zu den zugehörigen Mineralisatoren bei den folgenden tiefthermalen Erzgängen der oxydischen Eisenmanganerzformation und den erzfreien Flußspat- und Barytgängen im Thüringer Walde sowie bei einigen auf die Randzone des Horstes beschränkten Sideritvorkommen gangartigen und metasomatischen Charakters, die oft mit letzteren im Zusammenhang stehen.

Es ist bekannt, daß je magmaferner die Thermallösungen auftreten, um so innigere Wechselbeziehungen zwischen denselben und dem von ihnen durchströmten Nebengestein vorhanden sind. Die Abhängigkeit der Mineralparagenesen in diesem Stadium der hydrothermalen Erzbildung von dem Nebengestein ist also besonders groß. Es sind auch vor allem diese Vorkommen in Thüringen, über deren Genesis die Meinungen z. T. stark auseinandergehen. Sie wurden von der einen Seite, insbesondere in der älteren Literatur als rein lateralsekretionäre oder deszendente Bildungen aufgefaßt, während andererseits in den neueren Arbeiten Anschauungen über ihren aszendenten hydrothermalen Charakter Platz greifen. In den meisten Fällen wurde jedenfalls bei diesen Vorkommen hinsichtlich ihrer Entstehung ein jugendliches Alter angenommen und ihre Bildung mit der Entstehung des saxonischen Bruchnetzes in Verbindung gebracht. Was nun die oxydischen Eisenmanganerzgänge anbetrifft, so ist, wie schon Schneiderhöhn ausführt, der Standpunkt der lateralsekretionären Entstehung oder der Entstehung aus absteigenden Lösungen, die ihren Mineralinhalt aus der tiefgründigen Verwitterung der tertiären oder prätertiären Landoberfläche beziehen, kaum aufrecht zu erhalten, wenn auch gerade auf diesen Gängen sekundäre Umsetzungen eine große Rolle spielen und vielleicht nicht immer klar von der primären Erzbildung auseinandergehalten werden können. Die beobachteten Übergangstypen zu den höherthermalen sulfidischen Paragenesen (spätige Kupferkiesformation) auf der gleichen Gangspalte und die ebenfalls an verschiedenen Stellen beobachteten Übergänge nach der Tiefe in Spateisensteingänge sprechen gegen diese Auffassung. Bei der Annahme einer aszendenten Entstehung als rein hydrothermale Bildungen epithermalen Charakters ist dann aber besonders die Altersfrage von Interesse. Bei der meist vertretenen Ansicht einer jungen saxonischen Erzbildung ist jedenfalls die Frage des zugehörigen Magmas bzw. des Erzbringers nicht geklärt, da für diese Zeit ein entsprechender Magmazyklus fehlt, der eine natürliche Einordnung dieser Vorkommen erlauben würde. Als Hauptargument für diese Auffassung wird meist das herzynische Streichen der Gangspalten parallel zu der Randstörung angeführt und die Gangspaltenbildung oft auch direkt mit der Mechanik der Randstörung in Zusammenhang gebracht. So soll es sich

z. B. bei den parallel mit dem Gebirgsrand verlaufenden Spalten des Elgersburger Reviers um Zugspalten handeln, die mit der Randflexur im Zusammenhang stehen und die angeblich deshalb alle nach unten rasch auskeilen. Die Aufschlüsse des neueren Bergbaues haben jedenfalls diese Annahme nicht bestätigt. Es hat sich erwiesen, daß die Gangspalten bis in die tiefsten Aufschlüsse unter die Talsohle, fast 200 m unter der Tagesoberfläche erzführend fortsetzen. Andererseits werden, wie neuere Aufschlüsse der Grube Heinrichs Glück zeigten, die Gangspalten von Überschiebungsstörungen abgeschnitten, die zweifellos in ihrer Mechanik auf die Randflexur des Gebirges zurückgeführt werden müssen, d. h., daß in diesem Falle die Gangspaltenbildung und Füllung der Spalte zweifellos älter ist als diese jüngeren einwandfrei saxonischen Überschiebungsstörungen.

Auffallend ist ferner in diesem Zusammenhang, daß in keinem Falle derartige erzführende Spalten innerhalb der mesozoischen Schichtfolge nachgewiesen werden konnten. Sie sind ausschließlich auf das Gebiet des variskischen Horstes beschränkt und setzen nicht in den unmittelbar benachbarten Buntsandstein oder auch den Zechstein hinein. Ihr herzynisches Streichen bildet auch deshalb kein Argument für ihr jugendliches Alter, da wie oben wiederholt ausgeführt wurde, die Anlage dieser Störungsrichtung schon sehr alt ist und der konkordante Verlauf der Randstörung und anderer jüngerer Störungszüge des thüringischen Gebietes nur auf ein Wiederaufleben dieser alten Bewegungsflächen zurückzuführen ist. Diese großen herzynisch streichenden Störungszüge entsprechen auch nach Bubnoff (1930 II: S. 656) alten Transversalverschiebungen des variskischen Gebirges*). Zahlreiche Eruptivgesteinsgänge dieses Gebietes, die zweifellos mit dem Rotliegend-Vulkanismus in Beziehung stehen, weisen das gleiche Streichen auf. Auch das Auftreten von vererzten Zechsteinbrocken in den Spalten beweist nur, daß die Ausscheidung dieser niedrigstthermalen letzten Differentiate der Vererzung im Gefolge der spätvariskischen Magmenintrusion bis zum Ende des Paläozoikums andauerte.

Es bleiben schließlich noch die an den Rand des Gebirges geknüpften Sideritgänge, die innerhalb der permischen Ablagerung auftreten und in der Nähe der Kreuzungen mit dem Kupferschieferflöz Kobalt-, Nickel-, Kupfererze führen. Mit diesen erzführenden Spalten sind auch die im Bereiche des Zechsteinkalkes auftretenden metasomatischen Eisenspatvorkommen genetisch verknüpft. Typisch ist für diese Gangvorkommen noch ihre enge Bindung an Schwerspat und in manchen Fällen auch an Flußspatvorkommen. Es sind vor allem die Gänge des Kamsdorfer und Könitzer Reviers und in Westthüringen die Lagerstätten der Mommel, des Stahlbergs und der Klingerspalte sowie des kleinen Thüringer Waldes. Auch hier bestehen über die im wesentlichen aszendente Herkunft der Mineralisation wohl kaum noch Zweifel, wenn auch in einzelnen Fällen nicht immer klar zu entscheiden sein wird, wie weit dabei auch deszendente Bildungen eine Rolle spielen. Die in den Spalten auftretenden Kobalt-Nickelerze sind, wie schon oben ausgeführt wurde, topomineralisch bedingt. Die Entscheidung der Altersfrage und Frage der Herkunft der Minerallösungen stößt hier allerdings auf große Schwierigkeiten. Oft ist bei diesen Vorkommen wahrscheinlich auch eine einheitliche Entstehung und Alter nicht anzunehmen. Bei vielen dieser Vorkommen dürfte allerdings ein jugendliches Alter und ihre Entstehung im Zusammenhang mit der saxonischen Bruchtektonik außer Frage stehen. Es muß allerdings darauf hingewiesen werden, daß die Mineralführung dieser Spaltensysteme im Kamsdorf Könitzer Revier auf die Liegendschichten des oberen Zechsteins beschränkt sind und dieselben im Buntsandstein und Muschelkalk keine Mineralführung mehr aufweisen. Man kann diesen Umstand auf die Abdichtung der Spalten durch die lettigen Schichten des oberen Zechsteins und des unteren Buntsandsteins zurückführen. Über das bereits jungpaläozoische Alter der Anlage dieses Kamsdorfer Spaltensystems besteht aber kaum ein Zweifel (Zimmermann, S. 63). Die größten Schwierigkeiten bei der Annahme eines jugendlichen tertiären Alters bietet wieder die Deutung der Herkunft des Eisens und Bariums. Ein entsprechender Mineralisator des Saxonikums ist nirgends bekannt und auch nicht wahrscheinlich. Es sei denn, man leitet die Mineralisation von dem jungtertiären Basaltvulkanismus her, wie Böhne für die westthüringischen Vorkommen am Rande des Gebirges vorschlägt. Auch Hummel (1924) schlägt eine ähnliche Deutung für die ähnlichen Vorkommen im Odenwald und Spessart vor. Freyberg erwägt sogar, die Vererzung auf junge, im Zusammenhang mit der saxonischen Tektonik emporgestiegene Granitplutone zurückzuführen (v. Freyberg, 1937). Es liegen jedoch keinerlei Anhaltspunkte für eine derartige Annahme vor, die auch aus allgemeinen magmatologischen Gesichtspunkten jeder Grundlage entbehrt. Auch basaltische Gesteine treten z. B. in der engeren und weiteren Umgebung des Kamsdorfer Reviers nicht auf. In Westthüringen ist es andererseits auffällig, daß in der mesozoischen Schichtfolge, die bis in den Muschelkalk hinauf in unmittelbarer Nähe der Rhönbasalte von ausgedehnten Spaltensystemen durchsetzt wird, keine Vererzung auftritt. Auch ist eine Herleitung der auf den Gangspalten oft reichlich auftretenden Fluorverbindungen und des Quarzes von einem basaltischen Magma kaum denkbar.

Was die zahlreichen Schwerspat- und Flußspatvorkommen des Thüringer Waldes anbetrifft, so ist bemerkenswert, daß sich die Verbreitung aller dieser Vorkommen hauptsächlich auf die Randgebiete des Horstes beschränkt. Das gilt insbesondere für die Schwerspatvorkommen, die ebenso wie im Harz, vor allem innerhalb des Zechsteinsaums des Gebirges verbreitet sind. Sie dürften, wie schon Staub 1928 hervorhebt, durchaus nicht alle einheitlicher Entstehung und Alters sein. Trotzdem wird man es wohl auch hier in der Hauptsache mit aszendenten hydrothermalen Bildungen zu tun haben, die immer eng gebunden an den Thüringischen Horst mit seinen zahlreichen Erzgängen auf-

---

*) Auch Brandes (1920, S. 237) kommt im Zusammenhang mit Stolles Rahmenfaltung und E. Suess „Zertrümmerten Land" auf diese Gedankengänge zurück und führt aus, wie die Anlage der NW-Richtung bereits im tieferen Untergrund vorgezeichnet ist. Die jüngere NW-Faltung war nur eine Wiederaufnahme der alten variskischen Querfaltungsrichtung.

treten und die man in einen mehr oder minder lockeren Zusammenhang mit der Vererzung dieses Gebietes bringen muß. Damit soll nicht gesagt sein, daß einzelne kleinere Vorkommen innerhalb des Zechsteins und Buntsandsteins, wie sie an verschiedenen Stellen in Thüringen bekannt sind, eine deszendente bzw. lateralsekretionäre Entstehung aufweisen. Bei der leichten Fällung des Bariums durch schwefelsaure Wässer dürfte diese Deutung oft zutreffend und die Entstehung der Vorkommen auf diesem Wege in vielen Fällen sehr wahrscheinlich sein.

Die Förderungen dieser Minerallösungen, die im Gefolge einer magmatischen Abfolge mit ihrer Vererzung auftritt, oft eine weite Verbreitung besitzt und lange Zeit hindurch anhält, erlaubt es oft nicht, eine einwandfreie altersmäßige Einordnung für viele dieser Vorkommen durchzuführen. Für eine große Anzahl derselben mag noch die junge Bruchtektonik den Weg nach oben geöffnet haben, so daß ihre Entstehung saxonischen Alters ist. Es liegen aber auch eine Reihe von Anhaltspunkten vor, daß sich einzelne dieser Bildungen bereits früher gebildet haben, so wie Staub für das Gebiet von Könitz und Hergesvogtei annimmt. Staub möchte die Entstehung dieser Schwerspatvorkommen in das Rotliegende verlegen.

Was die Flußspatvorkommen anbetrifft, so ist bei den wichtigsten derselben ihre Beschränkung auf das Kerngebirge und ihr auffälliger Zusammenhang mit den jungpaläozoischen Eruptiven charakteristisch. Auch hier wird die in der Hauptsache aszendente Entstehung wohl nicht mehr bezweifelt. Bei den Vorkommen am Arolsberg bei Unterneubrunn sind die Beziehungen zu dem Granit besonders deutlich. Aber auch bei den Vorkommen der beiden Floßberge nimmt Staub in seinen neueren Arbeiten genetische Beziehungen zu den sauren Eruptivgesteinen an und führt eine Reihe von Argumenten an, die für ein rotliegendes Alter dieser Bildungen sprechen. Die herzynische Richtung der Gänge ist, wie oben wiederholt gezeigt wurde, ohne Belang und spricht nicht gegen das jungpaläozoische Alter der Entstehung. Auch für die ebenfalls parallel zum Gebirgsrand streichenden Flußspatgänge des Bayrischen Waldes ist nach G. Fischer ein jungpaläozoisches bis frühmesozoisches Alter erwiesen. Auch hier werden diese Bildungen mit der Magmaabfolge der variskischen Orogenese in Beziehung gebracht.

Zusammenfassend läßt sich also sagen, daß diese erzfreien Formationen, wenn auch z. T. dabei jüngere Bildungen vorliegen mögen, in der Hauptsache doch in einen mittelbaren Zusammenhang mit der variskischen Vererzung des Gebirges gebracht werden können.

V. DEUTUNG DER THÜRINGISCHEN ERZPROVINZ.

Wenn man also zusammenfassend die Metallogenese Thüringens in ihren Beziehungen zu den orogenetisch-magmatischen Vorgängen in diesem Gebiete überblickt und eine Deutung dieser Erzprovinz versucht, ergibt sich folgendes:

In Thüringen sind ebenso wie auch in Böhmen und Sachsen Spuren einer alten an die magmatischen Glieder des postalgonkischen Orogens gebundenen Vererzung kaum nachzuweisen. Die Frage des Vorhandenseins einer kaledonischen Magmaabfolge, die zwischen beiden, dem postalgonkischen und dem variskischen Zyklus gelegen wäre, und zu der gegebenenfalls einige stratigraphisch noch nicht fixierbare syntektonische kristalline Gesteine zu stellen wären, muß offen bleiben. Spuren einer dazugehörigen Vererzung sind jedenfalls nicht festzustellen. Die Diskordanz zwischen Ober-Silur und Mitteldevon ist jedenfalls in Ostthüringen deutlich entwickelt.

Dagegen ergeben sich bei einer großen Anzahl von Lagerstätten Beziehungen zu der Magmenförderung des variskischen Zyklus, insbesondere zu dessen Nachphase mit seinen intrusiven jüngeren Graniten und dem superfaziellen Vulkanismus der Rotliegendzeit.

Eine Vererzung in untergeordnetem Ausmaß ist bereits im Gebiete der initialen Magmaförderung Ostthüringens festzustellen (oberdevonische Eisenerzvorkommen). Glieder des syntektonischen Magmatismus sind in Thüringen ebenso wie die dazugehörigen Erzvorkommen mit Sicherheit im Gegensatz zum Erzgebirge nicht nachzuweisen. Im Erzgebirge sind die ältesten Lagerstätten (Schumacher 1933) in diese orogenetische Phase einzuordnen, während die synklinalmagmatischen devonischen Vorkommen vollständig fehlen. Erst im Zusammenhang mit der Nachphase des variskischen Magmatismus tritt eine reiche Abfolge von Lagerstätten auf, bei denen vor allem die magmafernen Typen vorherrschen. Das gegenüber dem Erzgebirge auch in diesem Punkte etwas abweichende Verhalten ist in Ostthüringen vermutlich durch das im Vergleich zu Sachsen verhältnismäßig höhere Aufschlußniveau bedingt, wenn auch die thüringische Metallprovinz in ihrer Gesamtheit nicht allzu hoch über dem Intrusionsplan liegen dürfte. Nur in dem unmittelbaren Bereich der ostthüringischen Granite bzw. ihrer Kontakthöfe sind dort, wo sie mit reaktionsfähigen Gesteinen innerhalb von Devonaufsattelungen zusammentreffen, einige wenige aus der Gruppe der magmanahen-pneumatolytischen Vorkommen entwickelt. Zinn-Wolframvorkommen fehlen allerdings vollkommen. Diese auffallenden Unterschiede gegenüber dem so nahe benachbarten sächsischen Vogtland sind vielleicht auch mit dem abweichenden Charakter des Gesteinsplutonismus zu erklären. Im sächsischen Vogtland handelt es sich ebenso wie im Westerzgebirge um räumlich weit ausgedehnte, in ein großes, mächtiges Schiefergewölbe eingedrungene Batholithe, in dessen mächtigem Dach sich ein vollständigeres und reiches Ganggefolge entwickeln konnte. Dagegen besteht in Ostthüringen zunächst der Eindruck einer an die schon wiederholt erwähnte herzynisch streichende Schwächelinie gebundenen schmalen steilen Förderzone, deren oberste Spitzen auf der Linie Sparnberg-Döhlen durch die Abtragung gerade angeschnitten sind. Aber auch bei den Plutonkörpern, die unter den Antiklinalen anzunehmen sind (sterile Kulmmulden!) handelt es sich vielleicht nur um kleinere Magmaintrusionen, die bei dem Eindringen unter die stark zerbrochenen Sättel (Bruchtektonik im ostthüringischen Hauptsattel z. T. älter als die Granitintrusion!) verhältnismäßig rasch abgekühlt und abgeraucht sind, so daß es nicht zur Ausbildung eines vollständigen reicher entwickelten Ganggefolges kommen konnte.

Das Fehlen einer Vererzung, die auf den Granit zurückgeführt werden könnte, ist in dem zentralen Thüringer Wald zwischen dem Schwarzburger Sattel und dem Ruhlaer Sattel wahrscheinlich damit zu erklären, daß hier einerseits das Dach der Granite bereits weitgehend abgetragen und andererseits aber auch die erzhöffigen Zonen durch die Rotliegendsedimentation und die vulkanische Magmenförderung dieser Zeit weitgehend verschüttet sind. Es sind hier in der Hauptsache nur die oberflächennahen an den superfaziellen Vulkanismus gebundenen Lagerstätten vorhanden. Nur wo in kleineren Fenstern der Rotliegend-Bedeckung die Unterlage dieser Serie zum Vorschein kommt (Schmiedefeld, Unterneubrunn) sind auch die an die Granite gebundenen höherthermalen Lagerstätten aufgeschlossen.
Im Bereiche des Ruhlaer Sattels ist ebenfalls die Abtragung bereits weit fortgeschritten, so daß hier ein tiefes Abtragungsniveau erreicht wurde, das in seinem regionalen Charakter Analogien zu dem Odenwald-Kristallin aufweist.

Die tektonische Stellung des Ruhlaer Kristallins ist jedenfalls noch nicht klar und umstritten. Sicher ist aber, daß es sich in beiden Fällen um verhältnismäßig sterile Areale handelt, so daß angenommen werden kann, daß hier bereits ein tiefes lagerstättenarmes Stockwerk angeschnitten ist. Bis auf eine gelegentliche nur geringfügige Greisenbildung und einige selten vorkommende Pegmatite sowie einer verkümmerten Entwicklung pneumatolytischen-hydrothermalen Phase in Form von einigen Arsenkiesgängen mit Turmalin sind derartige Bildungen hier unbekannt. Hesemann schließt daraus auf eine schon primär vorhandene große Armut des Magmas an gasförmigen leicht flüchtigen Bestandteilen (Hesemann 1928, S. 169). Außerdem ist das Gebiet des Ruhlaer Sattels nur verhältnismäßig wenig ausgedehnt und wird im Westen und Osten bald wieder von dem Abtragungsschutt des Rotliegenden bedeckt.

Auch für die anderen variskischen Horste konnten die früher oft vertretenen Ansichten über das teilweise jugendliche, tertiäre Alter der Vererzung nicht aufrecht gehalten werden. So vertritt im Erzgebirge neuerdings auch Schumacher (1933) die Auffassung über die Zugehörigkeit der erzgebirgischen Vererzung zu einer einheitlichen, und zwar der variskischen Magmaprovinz. Frühere Ansichten, welche z. B. für die herzynisch streichenden barytischen Blei-Zinkerzgänge des Freiberger Reviers ein jugendliches Alter annehmen und diese Vererzung in Zusammenhang mit dem jungtertiären Vulkanismus im benachbarten Böhmen bringen wollen (Bubnoff 1930, II, S. 627, 378; II_2 1268, 1321) werden abgelehnt. Auch im Schwarzwald haben die neueren Untersuchungen von Schneiderhöhn gezeigt, daß das früher angenommene tertiäre Alter der Schwarzwälder barytischen Blei-Zinkerzgänge nicht zutrifft, und daß diese der variskischen Vererzung angehören (Erdmannsdörffer) 1922. Auch G. Fischer (1937) und Köhler (1941) kommen bezüglich des Alters der Flußspatgänge des Bayrischen Waldes zu den gleichen Schlußfolgerungen.

Becksmann (1938) und M. Richter (1941) kommen in ihren neueren Untersuchungen über das Alter der Oberharzer Erzgänge zu ähnlichen Ergebnissen und ordnen diese Vorkommen in den Magmaablauf der variskischen Orogenese ein. Becksmann führt diesen Nachweis mit Hilfe der Konformitäten der primären Teufenunterschiede auf den Gängen mit jungpaläozoischen Rumpfflächen. Der Rösteberg-Schwerspat ist jüngeren Alters.*)

Auch Kossmat (1938) äußert sich in diesem Sinne und hält ein spätpaläozoisches Alter der Vererzung in den variskischen Horsten des Harzes und des Thüringer Waldes für wahrscheinlich. Erst im oberen Zechstein und Buntstandstein verliert sich seiner Meinung nach „die jungvariskische Erzführung und geht nicht selten in barytführende Kräfte über.

Wenn somit das Alter bei einer großen Anzahl der angeführten magmatogenen Lagerstätten Thüringens oft noch nicht mit der genügenden Schärfe bestimmt werden kann, und wahrscheinlich die Mineralisation mit den letzten tiefstthermalen Ausläufern über das Paläozoikum hinaus fortsetzt, so liegt doch in den meisten Fällen kein Grund vor, ein jugendliches oder tertiäres Alter für die Erzführung anzunehmen. Die überwiegende Mehrzahl dieser Vorkommen ist vielmehr dem variskischen magmatisch-orogenetischen Zyklus einzuordnen.

*) Schon früher hatten sich Lossen (1881) und Phillipi (1910) auch in diesem Sinne geäußert und (Brandes 1920, S. 234) ein paläozoisches Alter dieser Spalten und z. T. ihrer Füllungen angenommen.

Literaturverzeichnis

1. Backlund, G. H.: Zum Werdegang der Erze. — Geol. Rundsch. 32, 1941.
2. Bärtling, R.: Die Schwerspatlagerstätten Deutschlands. Stuttgart 1911.
3. Becksmann, E.: Die erdgeschichtliche Stellung der Oberharzer Blei-Zinkerzgänge. Z. pr. Geol. 1938.
4. Bender, H.: Warum setzt der Schwerspat auf den Gängen bei Könitz in größere Teufen. — Z. pr. Geol. 1934.
5. Berg, G.: Chemische Geologie. Stuttgart 1927.
6. Beyschlag, F.: Die Erzlagerstätten der Umgebung von Kamsdorf i. Thür. — Jb. Pr. G. L. A. 1888.
7. Böhne, E.: Das Randgebiet des Thüringer Waldes bei Schmalkalden und Steinbach-Hallenberg. — Jb. Pr. G. L. A. 36, 1915.
8. Böhne, E.: Die metasomatischen Eisenerzlagerstätten am Südrand des Thüringer Waldes und ihre Verknüpfung mit den Eisen-Manganerzgängen im Gebirgshorst. — Z. pr. Geol. 34 1926.
9. Böhne, E.: Die Eisenerzlagerstätte der Klinger Spalte. Jb. Pr. G. L. A. 40 1919.
10. Böhne, E.: Die Eisenerzlagerstätte des Stahlbergs bei Schmalkalden am Südwestrand des Thüringer Waldes. — Arch. Lagerstättenforsch. 31, 1925.
11. Brandes, Th.: Die variskischen Züge im geologischen Bau Mitteldeutschlands. — N. Jb. Min. Geol. Pol. 43. B. B. 1920.
12. v. Bubnoff, S.: Geologie von Europa II. 1, 2, Berlin 1930.
13. v. Bubnoff S.: Über die Gerüstbildung der Erdrinde (Diktyogenese). Die Naturw. 26, 1938.
14. Deubel, Fr.: Orogenetische und magmatische Vorgänge im Paläozoikum Thüringens. — Beitr. Geol. Thür. 1925, H. 1.
15. Erläuterungen zu Blatt Kelbra 1884, Probstzella 1888, Saalfeld 1888, Masserberg 1906, Schmalkalden 1906, Ilmenau 1908, Suhl 1908, Lobenstein 1911, Hirschberg/Saale 1912, Schleiz 1915, Tambach 1920, Friedrichroda 1924, Graefenthal 1929, Blankenburg 1930, Ruhla 1930.
16. Fischer, G.: Geologischer Bau und Bodenschätze des Bayr. Waldes. — Jb. Pr. G. L. A. 1937.
17. v. Freyberg, Br.: Über die Entstehung des Magneteisenerzes vom Schwarz. Onyx usw. — Jb. Hall. Verb. 2, 1920.
18. v. Freyberg, Br.: Erz- und Minerallagerstätten des Thür. Waldes. Berlin 1923 mit ausführlichem Verzeichnis der älteren Literatur.
19. v. Freyberg, Br.: Die untersilur. Eisenerzlager des ostthür. Schiefergebirges. — Jb. Hall. Verb. 4, 1923.
20. v. Freyberg, Br.: Thüringen, Geologische Geschichte und Landschaftsbild. Oehringen 1937.
21. v. Gaertner, H. R.: Erzführende Quarzgänge im oberen Schwarzatal. — Z. pr. Geol. 1935.
22. v. Gaertner, H. R.: Die Erze des thür.-fränkischen Devons. — Arch. Lagerstättenf. 75, Berlin 1942.
23. v. Gaertner, H. R.: Schichtenfolge und Tektonik im mittleren Teil des Schwarzburger Sattels — Jb. Pr. G. L. A. 1933.
24. Hesemann, J.: Über kristalline Gesteine von Ruhla. — Sber. Pr. G. L. A. 1928.
25. Heß v. Wichdorff, H.: Die Goldvorkommen des Thür. Waldes und Frankenwaldes usw. — Arch. Lagerstättenf. 4, 1914.
26. Heß v. Wichdorff, H.: Die Antimonerzlagerstätten der Umgegend von Schleiz und Greiz im reuß. Vogtlande. — Z. pr. Geol. 1910.
27. Heß v. Wichdorff, H.: Kontakterzlagerstätten im Sormitztal im Thüringer Walde. — Jb. Pr. G. L. A. 24, 1903.
28. Heß v. Wichdorff, H.: Beiträge zur Kenntnis des Blei-Zinkblendeerzstockes bei Weitesberga. — Z. pr. Geol. 1909.
29. Hummel, K.: Die Entstehungsweise der Eisen-Manganerze im Zechstein vom Odenwald und Spessart. Glückauf 1924.
30. Jaeger, W.: Der Gebirgsbau des sächsischen Vogtlandes und dessen Erzlagerstätten. Adorf 1924.
31. Köhler, J.: Die Entstehung der Nabburger Flußspatlagerstätten. — Geol. Rundsch. 32, 1941.
32. Koßmat, Fr.: Sind im verdeckten Teil des variskischen Gebirges noch bauwürdige Lagerstätten zu erhoffen. — Z. D. g. G. 1938.
33. Koßmat, Fr.: Paläogeographie u. Tektonik. Berlin 1938.
34. Lossen, R. A.: Über den Zusammenhang der Falten, Spalten und Eruptivgesteine im Harz. Jb. Pr. G. L. A. 1881.
35. Mentzel, H.: Die Lagerstätten der Stahlberger oder Klinger Störung im Thür. Wald. — Z. pr. Geol. 1898.
36. Petrascheck, W. E.: Gebirgsbildung, Vulkanismus und Metallogenese in den Balkaniden u. Südkarpathen. — Fortschr. Geol. u. Paläont. 14, 47, 1942.
37. Phillipi, E.: Die präoligocäne Landoberfläche in Thüringen. — Z. D. g. G. 62, 1910.
38. Puffe, E.: Die Minerallagerstätten des südwestl. Vogtlandes, ein Beitrag zur Kenntnis von Übergangslagerstätten. — N. J. 1938. Beil. Bd. 74 a.
39. Richter, M.: Entstehung und Alter der Oberharzer Gänge. — Geol. Rundsch. 32, 1941.
40. Scheumann, K. H.: Praevariskische Glieder der Sächs.-Fichtelgebirgischen kristallinen Schiefer. — I. Abh. Akad. Wiss., Math. Phys. Kl. 39, 1 Leipzig 1924.
41. Scheiderhöhn, H.: Lehrbuch der Erzlagerstättenkunde, 1941.
42. Schumacher, Fr.: Die erzgebirgische Metallprovinz und ihre Genesis. — Metall u. Erz 30, 1933.
43. Staub, A. W.: Beiträge zur Kenntnis der Flußspat- und Schwerspatlagerstätten des Thür. Waldes. — Z. D. g. G. 1928.
44. Staub, A. W.: Die Flußspatlagerstätten des Thür. Waldes. — Z. pr. G. 1929.
45. Weber, H.: Die Strukturelemente des nordwestl. Thür. Waldes und ihre Entwicklungsgeschichte. — Z. D. g. G. 1938.

Kolibri 360 GmbH
Ferdinand-Jühlke-Straße 7
99095 Erfurt, Deutschland
produktsicherheit@kolibri360.de